Name: ____________________ Datum: __________

Das kann ich schon! (1)

Die Aufgaben waren für mich:

○ **1**

1	5	2	3	4

☺ ☐ 😐 ☐ ☹ ☐

○ **2**

1	2	3	4						
10	9								

☺ ☐ 😐 ☐ ☹ ☐

○ **3**

☺ ☐ 😐 ☐ ☹ ☐

Lehrerbereich

	☺	😐	☹
1 Würfelbild mit passender Zahl verbinden	☐	☐	☐
2 Zahlenreihe vervollständigen	☐	☐	☐
3 Linien nachspuren	☐	☐	☐

Name: ______________________ Datum: __________

Das kann ich schon! (1)

Die Aufgaben waren für mich:

○ 4 Wie viele?

☺ 😐 ☹
☐ ☐ ☐

○ 5 Was passt nicht?

☺ 😐 ☹
☐ ☐ ☐

Lehrerbereich

		☺	😐	☹
4	Anzahl der Tiere bestimmen und notieren	☐	☐	☐
5	Tier mit nicht passender Eigenschaft bestimmen	☐	☐	☐

Name: ______________________ Datum: __________

Das kann ich schon! (2)

Die Aufgaben waren für mich:

○ **1**

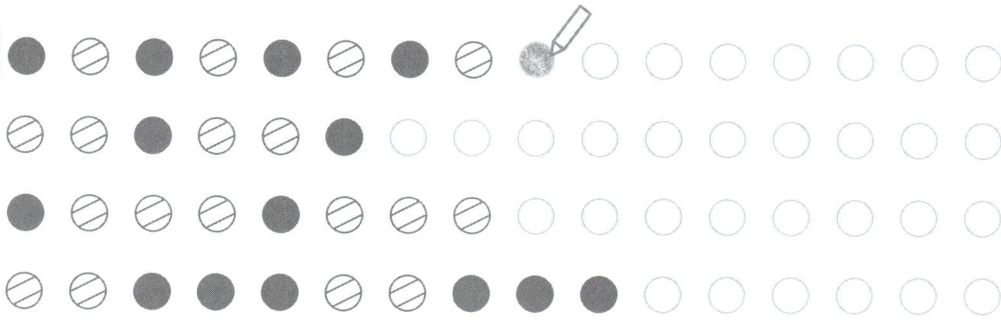

○ **2**

○ **3** Was passt nicht?

Lehrerbereich

1 Muster erkennen und fortsetzen
2 Geometrische Grundformen nachspuren
3 Wurm mit anderer Lage bestimmen

Name: ____________________ Datum: __________

Das kann ich schon! (2)

Die Aufgaben waren für mich:

4 Was passt nicht?

☺ ☹ ☹ (Smileys) □ □ □

5 Male so aus:

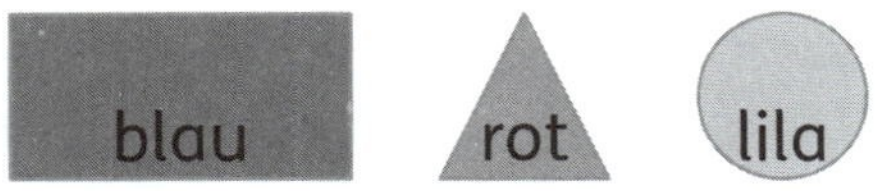

□ □ □

Lehrerbereich

4 Nicht passendes Muster bestimmen □ □ □
5 Geometrische Grundformen finden und anmalen □ □ □

1

Name:

Datum:

Links – rechts, oben – unten

Die Aufgaben waren für mich:

○ 1 Links oder rechts? Male lila oder rot an.

○ 2 Was ist oben? Male an.

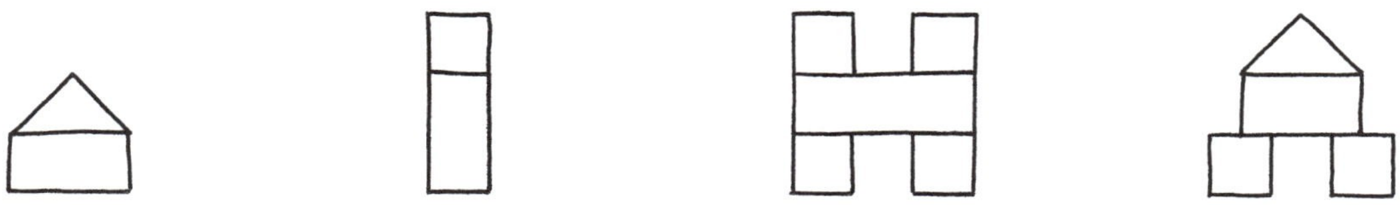

○ 3 Was ist unten? Male an.

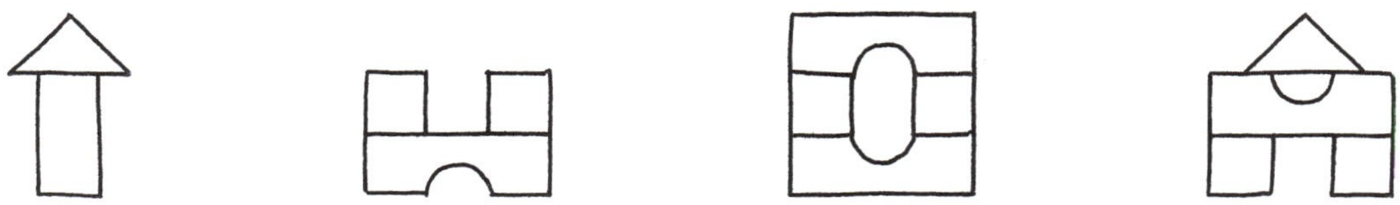

○ 4 Was ist wo? Male.

Lehrerbereich

1 Lagebeziehung links/rechts erkennen und anwenden

2 Begriff „oben“ anwenden

3 Begriff „unten“ anwenden

4 Lagebeziehungen erfassen und anwenden

Name:

Datum:

Links – rechts, oben – unten

Die Aufgaben waren für mich:

5 Links oder rechts? Male lila oder rot an.

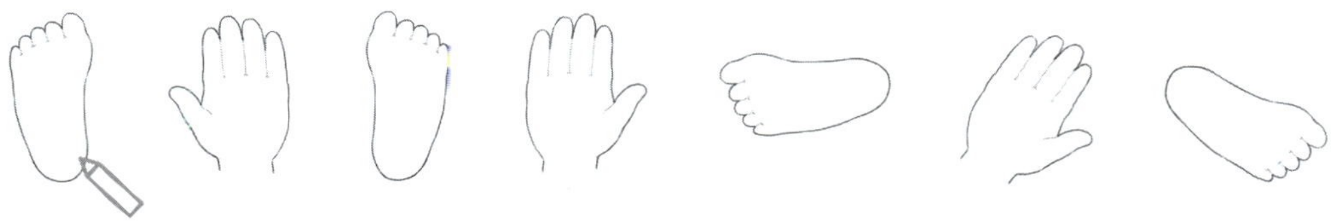

6 Links oder rechts? Kreise lila oder rot ein.

7 Was ist wo? Male.

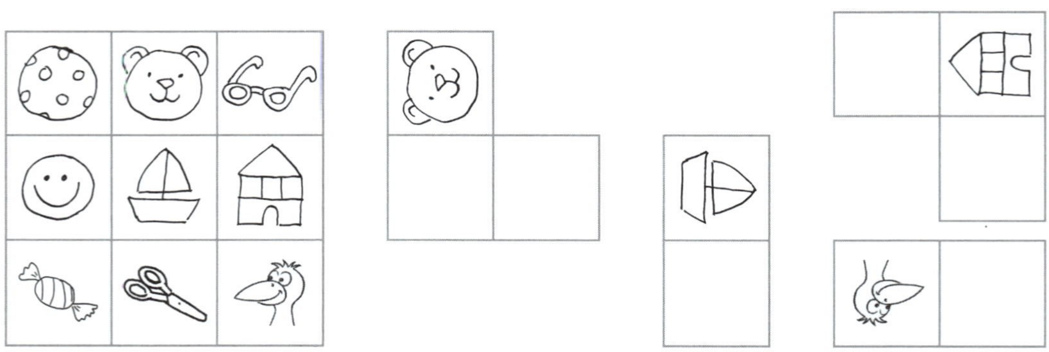

Lehrerbereich

5 Lagebeziehung links/rechts erkennen und anwenden

6 Lagebeziehung links/rechts erkennen und anwenden

7 Lagebeziehungen erfassen und nutzen

2

Name: ______________________ Datum: __________

Die Zahlen bis 6

Die Aufgaben waren für mich:

○ **1** Wo ist mehr? Kreuze an.

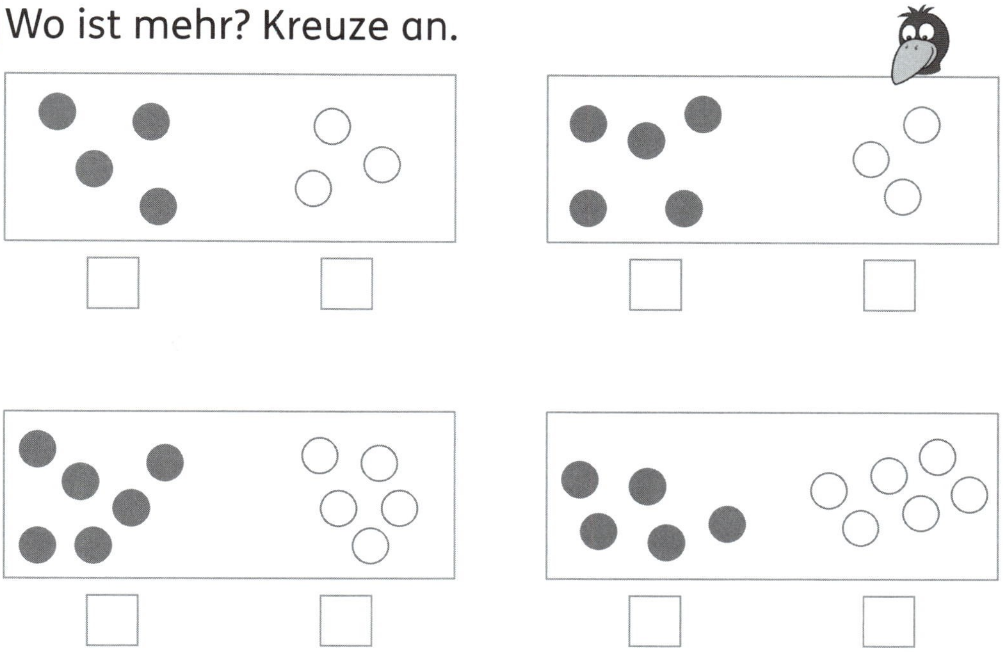

☺ ☹ ☹ ☐ ☐ ☐

○ **2**

3	6	5	

☺ ☹ ☹ ☐ ☐ ☐

○ **3**

1	2	3	1	2	3									
4	5	6	4	5	6									

☺ ☹ ☹ ☐ ☐ ☐

Lehrerbereich

	☺	😐	☹
1 Mengen erfassen und vergleichen	☐	☐	☐
2 Mengen bestimmen und darstellen	☐	☐	☐
3 Die Ziffern 1 bis 6 schreiben	☐	☐	☐

2

Name: ESRA

Datum:

Die Zahlen bis 6

Die Aufgaben waren für mich:

4

3

5

6

4

5

6

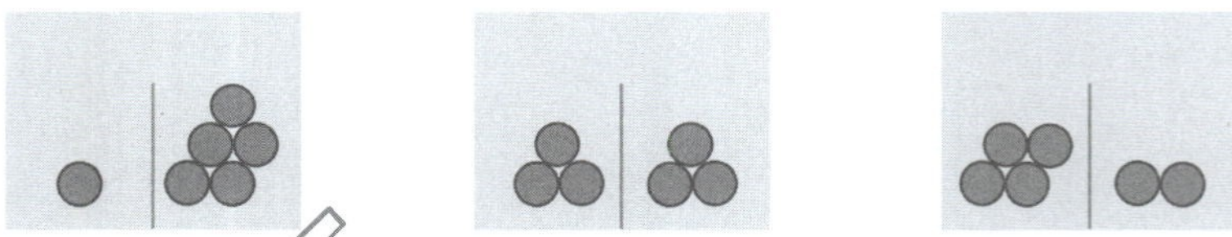

1 ___ | ___ ___ | ___ ___

6

3 3 | 2 ___ | 1 ___

Lehrerbereich

4 Mengen zeichnerisch darstellen

5 Mengen zerlegen

3

Name: ______________________ Datum: __________

Die Zahlen bis 10

Die Aufgaben waren für mich:

○ **1** Immer 8.

😊 😐 ☹

○ **2**

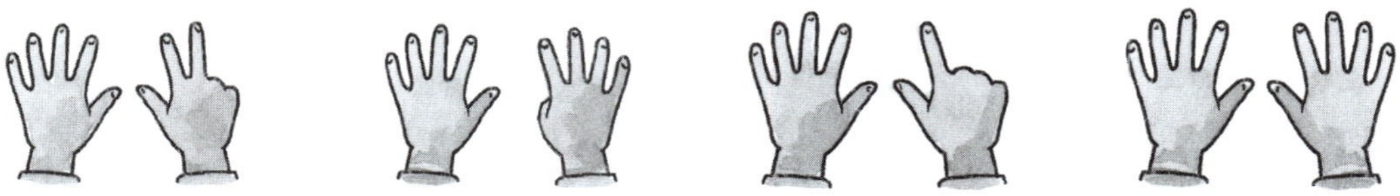

😊 😐 ☹

○ **3**

8 7 10 9

😊 😐 ☹

○ **4** 7 8 9 7 8 9

😊 😐 ☹

Lehrerbereich

	😊	😐	☹
1 Mengen bündeln	☐	☐	☐
2 Mengen bestimmen	☐	☐	☐
3 Mengen darstellen	☐	☐	☐
4 Ziffern schreiben	☐	☐	☐

Name: ______________________ Datum: __________

Die Zahlen bis 10

Die Aufgaben waren für mich:

4

7

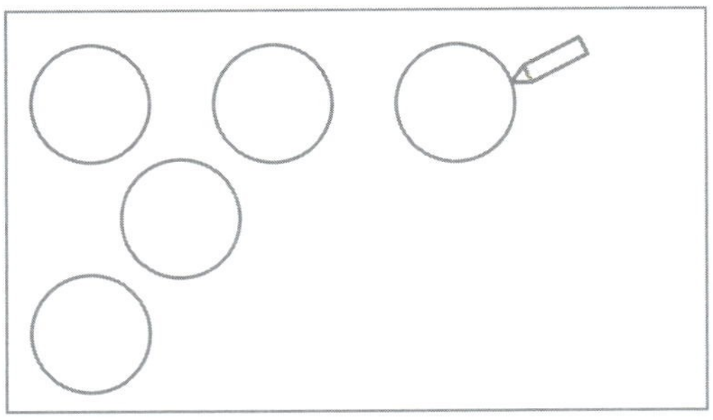

9

8

10

☺ ☹ ☹
☐ ☐ ☐

5

8

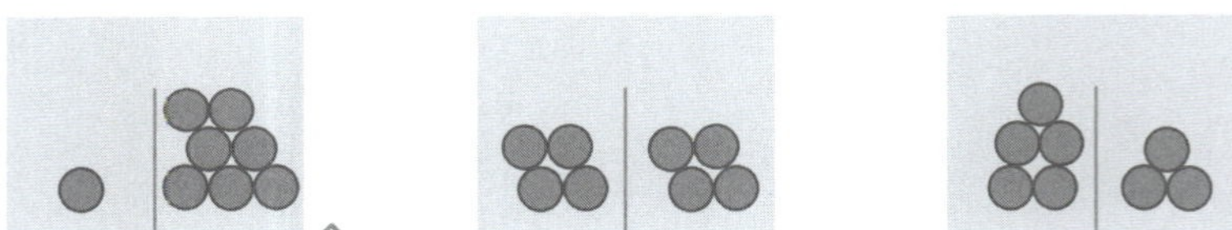

1 ___   ___ ___   ___ ___

7

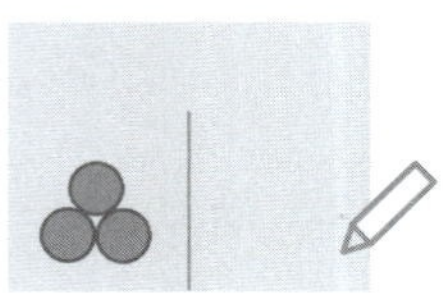

3 4   2 ___   1 ___

☺ ☹ ☹
☐ ☐ ☐

Lehrerbereich

		☺	😐	☹
4	Mengen zeichnerisch darstellen	☐	☐	☐
5	Mengen zerlegen	☐	☐	☐

4

Name: ______________________ Datum: ____________

Nachbarzahlen bis 10

Die Aufgaben waren für mich:

○ **1**

○ **2**

4	5				8	0		
	8				7	4		
	3				5	7		

○ **3**

V	Z	N
3		
5		
8		

V	Z	N
	2	
	3	
	6	

V	Z	N
		2
		5
		9

Lehrerbereich

1 Zahlenreihe vervollständigen

2 Nachbarzahlen bestimmen

3 Nachbarzahlen bestimmen

Name: ____________________ Datum: __________

Nachbarzahlen bis 10

Die Aufgaben waren für mich: ☺ 😐 ☹

○ 4

10	9								

◒ 5

5					7	6		
	5			7			6	
		5	7					6

◒ 6

V	Z	N
		9
		5
8		

V	Z	N
	3	
7		
	6	

V	Z	N
		2
2		
	2	

◒ 7

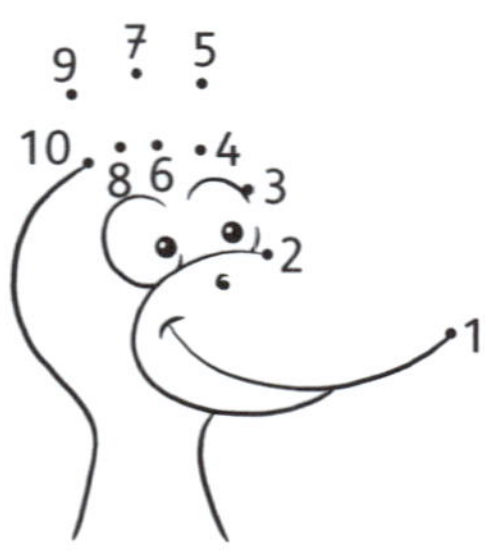

Lehrerbereich

4 Zahlenreihe vervollständigen
5 Nachbarzahlen bestimmen
6 Nachbarzahlen bestimmen
7 Zahlenreihe verbinden

5

Name: ______________________ Datum: __________

Anzahlen bestimmen

Die Aufgaben waren für mich:

○ 1 Zuerst 5.

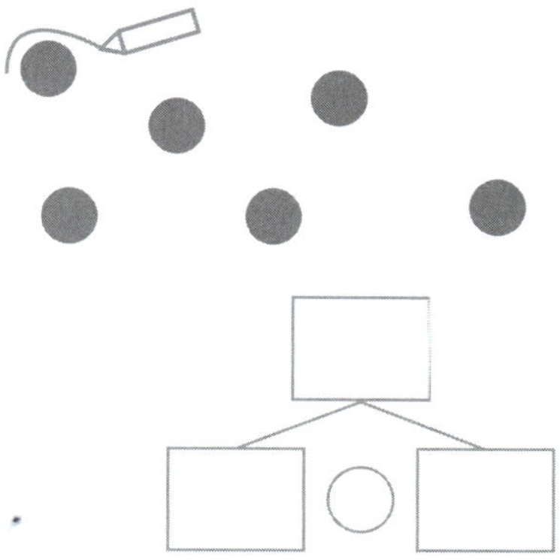

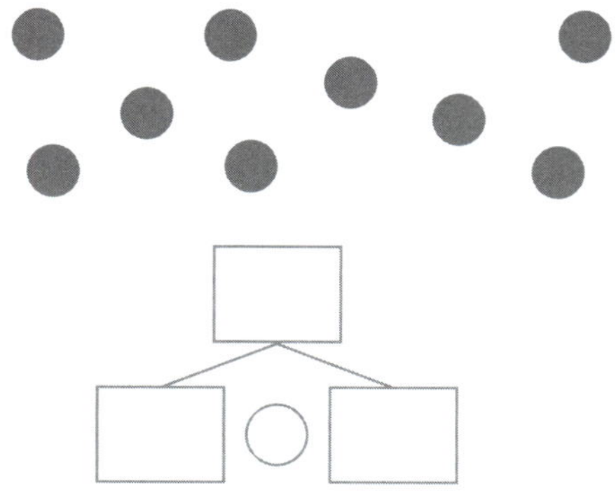

☺ ☹ ☹

○ 2 Zuerst 5.

9

7

10

☺ ☹ ☹

○ 3 Wie viele?

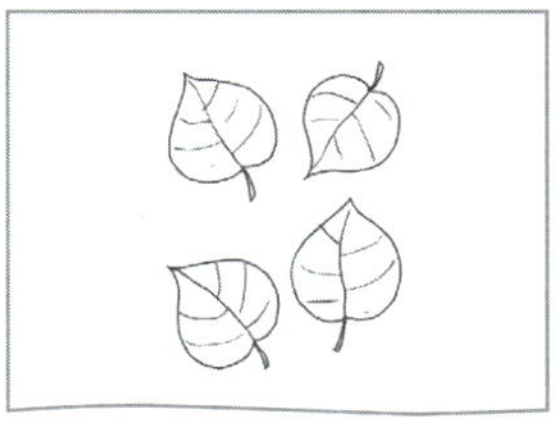

___ ___ ___

☺ ☹ ☹

Lehrerbereich

1 Fünferbündelung als Strukturierungshilfe anwenden

2 Zahlen verschieden darstellen

3 Mengen bestimmen

Name:

Datum:

Anzahlen bestimmen

Die Aufgaben waren für mich:

4

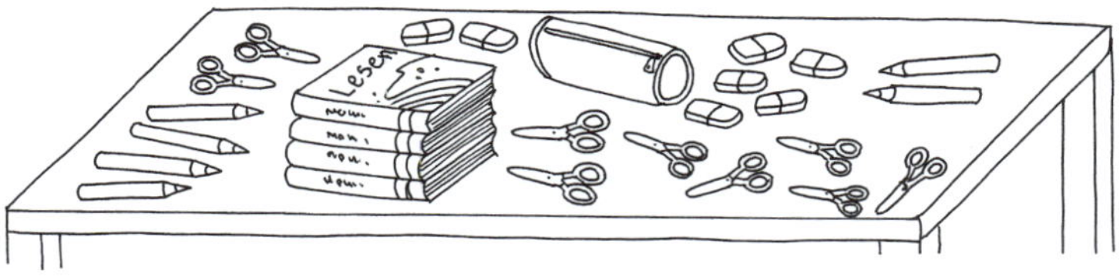

|				
1				

5 Wie viele?

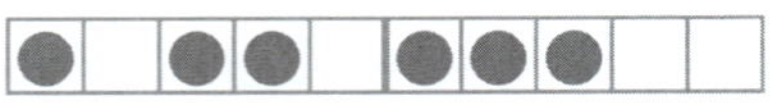

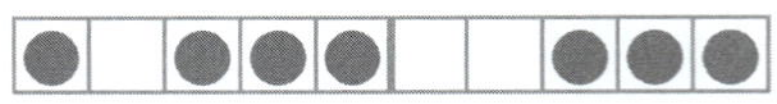

6 Immer 8.

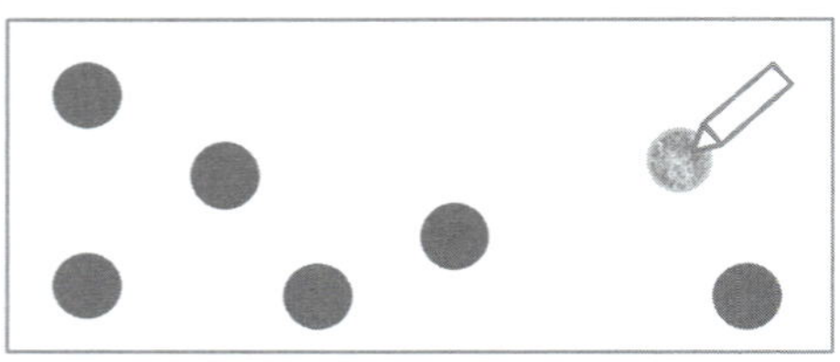

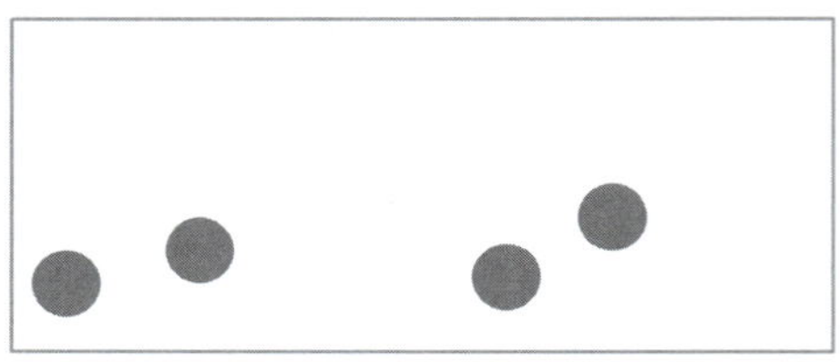

Immer 7.

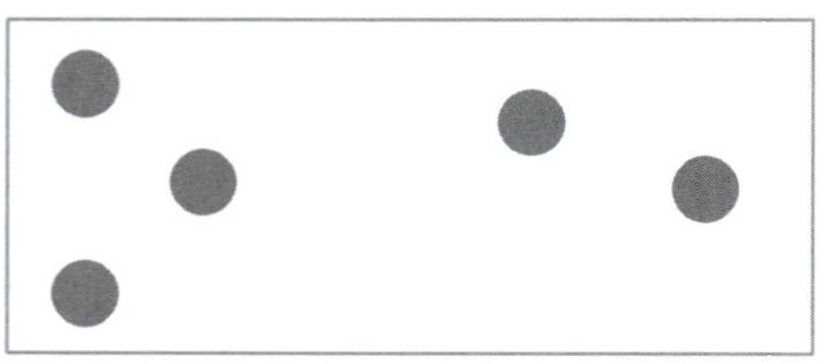

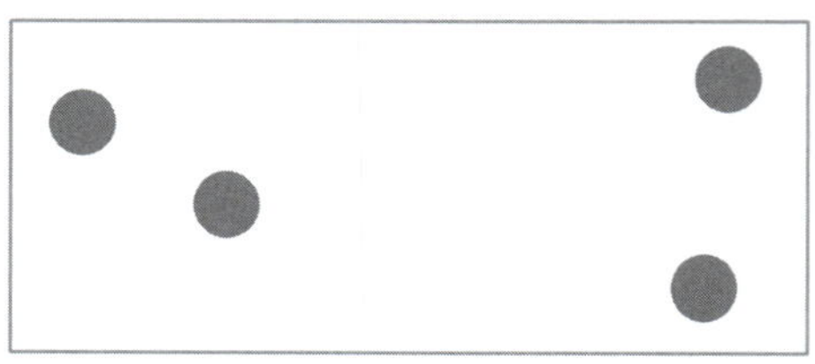

Lehrerbereich

4 Mengen bestimmen

5 Mengen bestimmen

6 Mengen ergänzen

Name: ______________________ Datum: __________

Zahlen zerlegen

Die Aufgaben waren für mich:

○ **1**

9

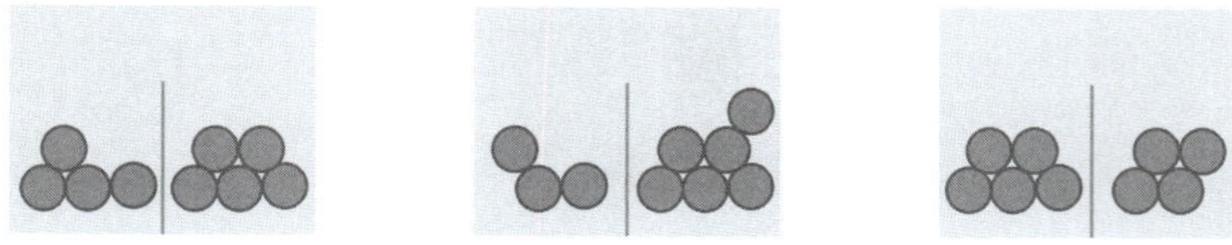

4 ⊕ ___ ___ ◯ ___ ___ ◯ ___

7

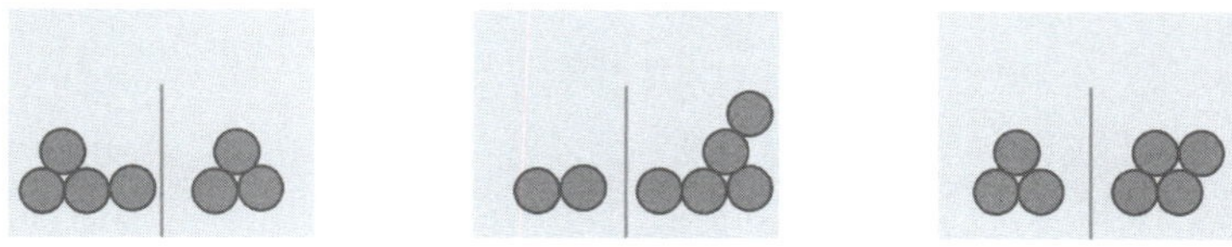

___ ⊕ ___ ___ ◯ ___ ___ ◯ ___

☺ ☺ ☹ ☐ ☐ ☐

○ **2**

4 ⊕ ___ ___ ◯ ___ ___ ◯ ___

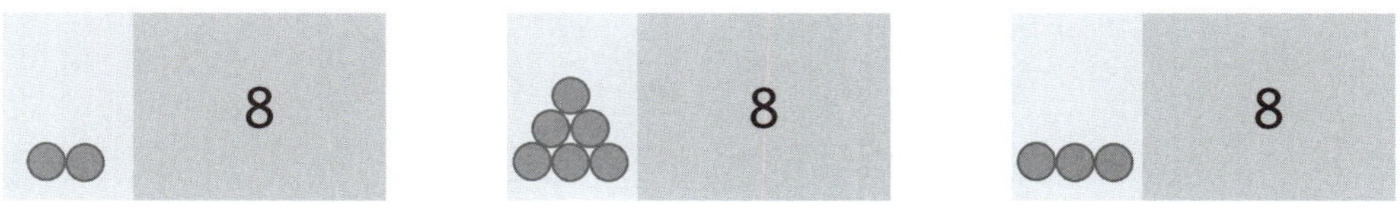

___ ◯ ___ ___ ◯ ___ ___ ◯ ___

☺ ☺ ☹ ☐ ☐ ☐

○ **3**

4	6		3			8	

	5			9

☺ ☺ ☹ ☐ ☐ ☐

Lehrerbereich

	☺	☺	☹
1 Die Zahlen unterschiedlich additiv zerlegen	☐	☐	☐
2 Anzahl der verdeckten Perlen bestimmen	☐	☐	☐
3 Zerlegungen der 10 notieren	☐	☐	☐
	☐	☐	☐

6

Name: ____________________ Datum: __________

Zahlen zerlegen

Die Aufgaben waren für mich:

4

10: 5 + ☐

10: ☐ ◯ ☐

10: ☐ ◯ ☐

10: ☐ ◯ ☐

10: ☐ ◯ ☐

☺ 😐 ☹

☐ ☐ ☐

5

6	7	5
6 + 0	7 + ___	___ + ___
___ + ___	___ + ___	___ + ___
___ + ___	___ + ___	___ + ___
___ + ___	___ + ___	___ + ___
___ + ___	___ + ___	___ + ___
___ + ___	___ + ___	___ + ___
___ + ___	___ + ___	

☺ 😐 ☹

☐ ☐ ☐

Lehrerbereich

	☺	😐	☹
4 Zerlegungen der 10 notieren	☐	☐	☐
5 Zahlen systematisch zerlegen	☐	☐	☐

7

Name: ____________ Datum: ____________

Zahlen vergleichen

Die Aufgaben waren für mich: ☺ 😐 ☹

○ **1**

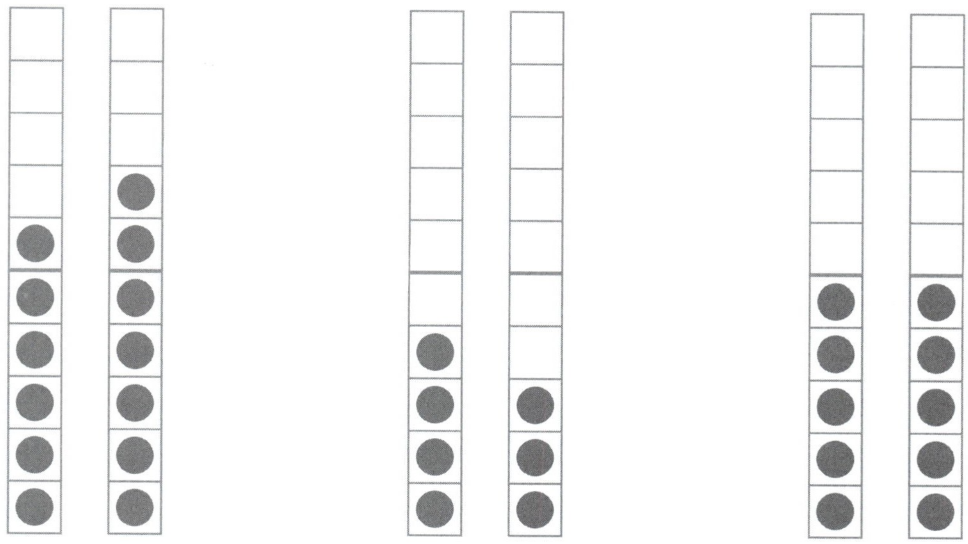

___ ◯ ___   ___ ◯ ___   ___ ◯ ___

○ **2**

IIII   卌 I   ___ ◯ ___

卌 II   卌 I   ___ ◯ ___

IIII   III   ___ ◯ ___

卌 III   卌 IIII   ___ ◯ ___

○ **3**

3 ◯ 5   7 ◯ 4   9 ◯ 8

5 ◯ 4   1 ◯ 1   4 ◯ 10

1 ◯ 5   6 ◯ 3   5 ◯ 5

Lehrerbereich

1 Anzahlen vergleichen

2 Anzahlen in Strichlisten vergleichen

3 Zahlen vergleichen

Name: ______________________ Datum: __________

Zahlen vergleichen

Die Aufgaben waren für mich:

4

4 > ___	7 > ___	5 > ___
4 > ___	7 > ___	5 > ___
4 > ___	7 > ___	5 > ___
4 < ___	7 < ___	5 < ___

___ > 7	___ > 9	___ > 8
___ > 7	___ < 9	___ > 8
___ < 7	___ < 9	___ < 8
___ = 7	___ = 9	___ = 8

5

1. ☐ ☐ ☐

6

1. ☐ ☐ ☐

Lehrerbereich

4 Passende Zahlen finden

5 Ordnungszahlen notieren, Bild ergänzen

6 Ordnungszahlen notieren, Bild ergänzen

8

Name: ______________________ Datum: __________

Plusaufgaben üben

Die Aufgaben waren für mich:

○ **1**

___ + ___ = ___

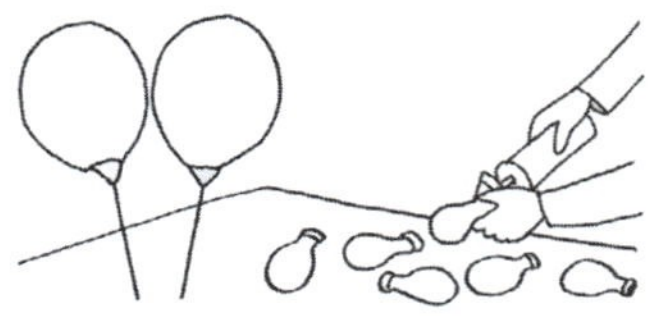

___ + ___ = ___

○ **2**

___ + ___ = ___

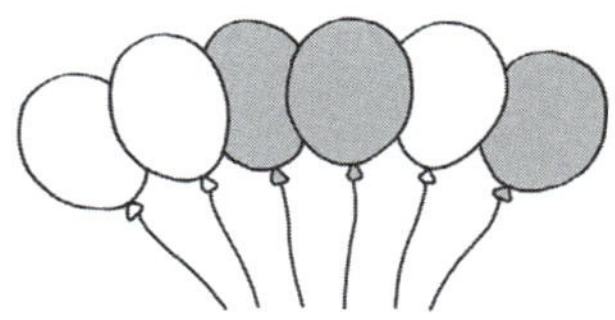

___ + ___ = ___

○ **3**

3 + 6 = ___

6 + 3 = ___

2 + 5 = ___

___ + ___ = ___

○ **4**

3 + 5 = ___	6 + 4 = ___	4 + ___ = 8
5 + 4 = ___	3 + 6 = ___	2 + ___ = 7
1 + 5 = ___	2 + 4 = ___	7 + ___ = 9

Lehrerbereich

1 Dynamische Additionsaufgaben im Bild erkennen und notieren

2 Statische Additionsaufgaben im Bild erkennen und notieren

3 Aufgaben und Tauschaufgaben zeichnen und lösen

4 Additions- und Ergänzungsaufgaben lösen

8

Name: ____________________ Datum: __________

Plusaufgaben üben

Die Aufgaben waren für mich: ☺ 😐 ☹

5

0 + 10 = ___
2 + 8 = ___
4 + 6 = ___
6 + 4 = ___
___ + ___ = ___
___ + ___ = ___

2 + ___ = 10
5 + ___ = 9
2 + ___ = 8
5 + ___ = 7
___ + ___ = ___
___ + ___ = ___

6

___ + 2 = 8	___ + 3 = 5	___ + 8 = 9
___ + 7 = 9	___ + 6 = 8	___ + 5 = 8
___ + 5 = 7	___ + 4 = 9	___ + 4 = 9
___ + 1 = 6	___ + 0 = 3	___ + 3 = 6

7

5 + 1 + 2 = ___	3 + 2 + 5 = ___
2 + 4 + 4 = ___	3 + 5 + 1 = ___
3 + 3 + 2 = ___	4 + 1 + 2 = ___

8

5 + 2 + ___ = 10	1 + ___ + 5 = 10
6 + 2 + ___ = 10	3 + ___ + 4 = 10
4 + 2 + ___ = 10	7 + ___ + 2 = 10

Lehrerbereich

5 Aufgabenrolle bearbeiten: Muster entdecken und fortführen
6 Ergänzungsaufgaben lösen
7 Additionsaufgaben mit 3 Summanden lösen
8 Ergänzungsaufgaben mit 3 Summanden lösen

9

Name: ____________________ Datum: __________

Formen und Muster

Die Aufgaben waren für mich:

○ **1** Zeichne ein Viereck, 3 Kreise und 2 Dreiecke.

○ **2** Färbe und zähle die Formen.

○ **3** Setze fort.

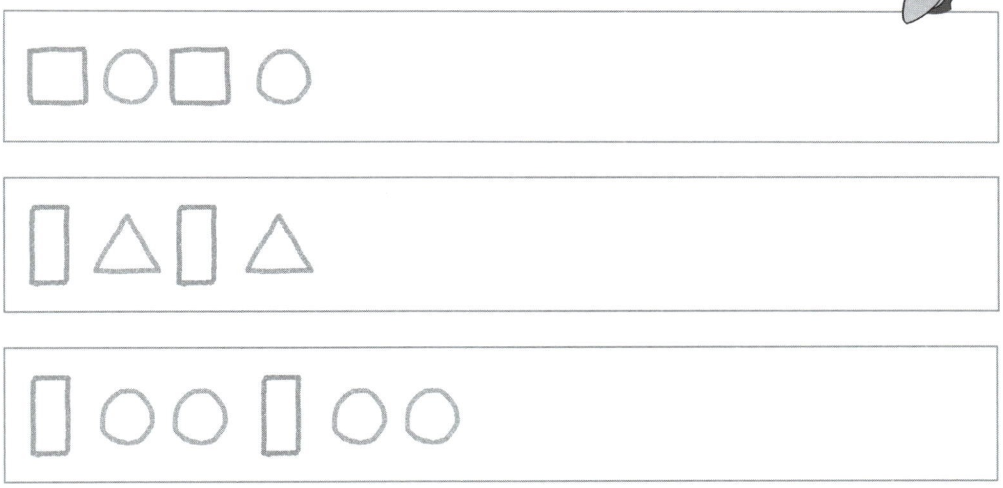

Lehrerbereich

1 Grundformen nach Vorgabe zeichnen

2 Formen färben, Anzahl der Formen bestimmen

3 Muster erkennen und freihändig fortsetzen

9

Name:

Datum:

Formen und Muster

Die Aufgaben waren für mich:

4 Zeichne ab.

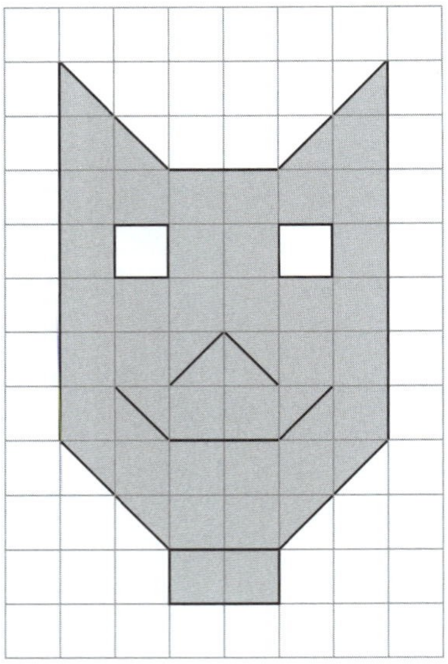

5 Finde 4 Fehler. Kreise die Fehler ein.

Lehrerbereich

4 Figur auf Karoraster übertragen

5 Fehler in Mustern erkennen

10

Name: ____________________ Datum: __________

Minusaufgaben finden und üben

Die Aufgaben waren für mich: ☺ 😐 ☹

○ 1

___ – ___ = ___

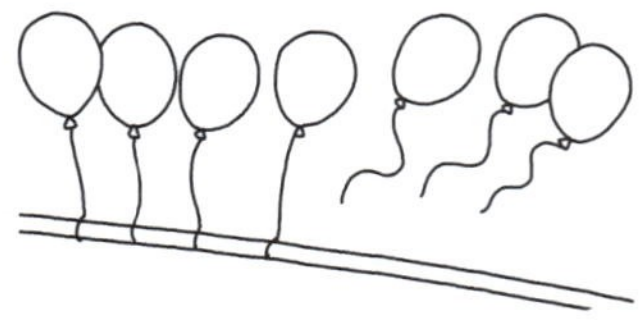

___ – ___ = ___

○ 2

___ – ___ = ___

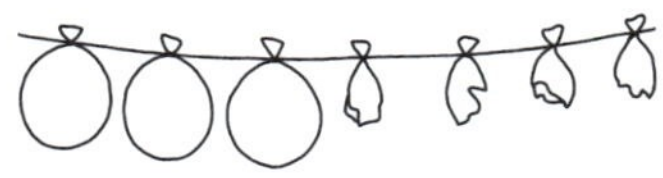

___ – ___ = ___

○ 3

8 – 4 = ___

6 – 5 = ___

5 – 4 = ___

9 – 2 = ___

○ 4

5 – 2 = ___	8 – 8 = ___	6 – 2 = ___
6 – 4 = ___	9 – 6 = ___	7 – 5 = ___
8 – 5 = ___	3 – 0 = ___	9 – 4 = ___
4 – 3 = ___	10 – 9 = ___	8 – 3 = ___

Lehrerbereich

1 Dynamische Subtraktionsaufgaben im Bild erkennen und notieren
2 Statische Subtraktionsaufgaben im Bild erkennen und notieren
3 Subtraktionsaufgaben zeichnen und lösen
4 Subtraktionsaufgaben lösen

Name:

Datum:

Minusaufgaben finden und üben

Die Aufgaben waren für mich:

5

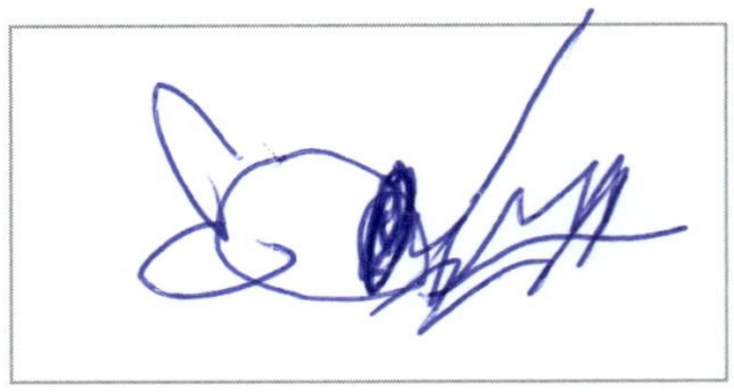

_ − _ = _

3 − 2 = _

☺ ☐ 😐 ☐ ☹ ☐

6

_ − _ = _

☺ ☐ 😐 ☐ ☹ ☐

7 Finde verschiedene Aufgaben.

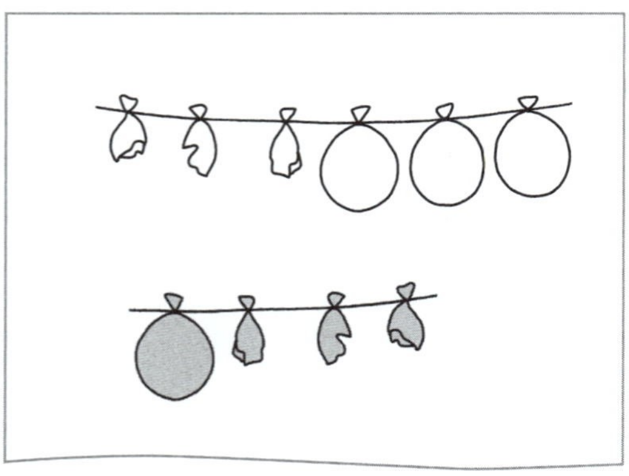

_ − _ = _

_ − _ = _

_ − _ = _

☺ ☐ 😐 ☐ ☹ ☐

Lehrerbereich

	☺	😐	☹
5 Geschichte zu vorgegebener Subtraktionsaufgabe malen und lösen	☐	☐	☐
6 Subtraktionsaufgabe erfinden, malen und lösen	☐	☐	☐
7 Verschiedene Subtraktionsaufgaben zu einem Bild finden und lösen	☐	☐	☐

Name: ______________ Datum: ______________

Plus- und Minusaufgaben üben

Die Aufgaben waren für mich:

1

0 + 2 = ___
1 + 3 = ___
2 + 4 = ___
3 + 5 = ___

9 − 3 = ___
8 − 4 = ___
7 − 5 = ___
6 − 6 = ___

2

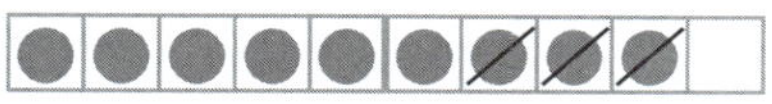

9 − 3 = ___
___ + ___ = ___

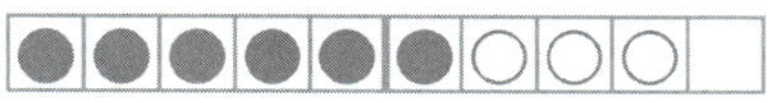

6 − 3 = ___
___ + ___ = ___

3

[ ] / 5 | 2
[ ] / 3 | 5
[ ] / 2 | 7
[ ] / 1 | 4
[ ] / 7 | 3
[ ] / 4 | 3

4

5 / 1 | [ ]
5 / [ ] | 3
5 / 5 | [ ]

Lehrerbereich

1 Aufgabenrollen bearbeiten
2 Umkehraufgaben bilden und lösen
3 Zahlenmauern durch Addieren lösen
4 Zahlenmauern durch Ergänzen lösen

Name:

Datum:

Plus- und Minusaufgaben üben

Die Aufgaben waren für mich:

5 Finde verschiedene Mauern.

7 6 1

10 8 2

6 Nutze die Umkehraufgabe.

___ − 5 = 3	___ − 1 = 4	___ − 8 = 0
___ − 4 = 5	___ − 4 = 2	___ − 6 = 2
___ − 5 = 1	___ − 3 = 7	___ − 9 = 1
___ − 2 = 6	___ − 4 = 1	___ − 2 = 5
___ − 0 = 3	___ − 2 = 6	___ − 1 = 6

7

6 − 6 = ___
5 + 5 = ___
4 − 4 = ___
3 + ___ = ___
___
___

6 − ___ = 1
7 − ___ = 2
6 − ___ = 3
7 − ___ = 4
6 − ___ = ___
___

Lehrerbereich

5 Jeweils beide Zahlenmauern finden
6 Subtraktionsaufgaben mit der Umkehraufgabe lösen
7 Aufgabenrollen bearbeiten: Muster entdecken und fortführen

Name: ____________________ Datum: __________

Die Zahlen bis 20

Die Aufgaben waren für mich:

○ 1 Wie viele? Kreise jeweils den Zehner ein.

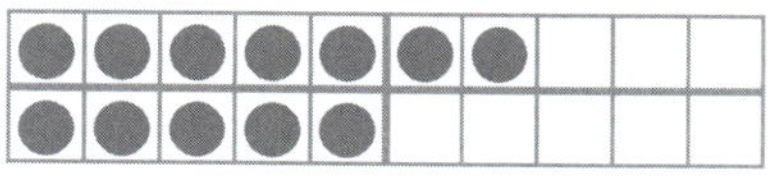

____

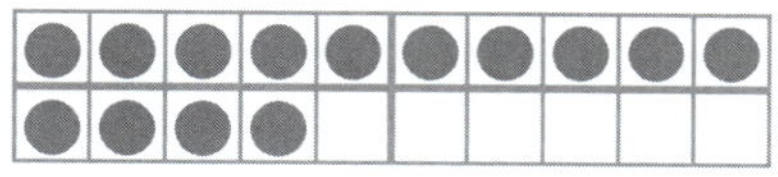

____

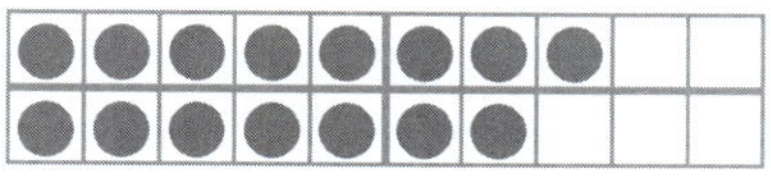

____

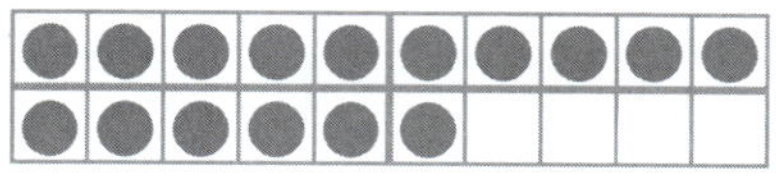

____

☺ ☹ ☹ ☐ ☐ ☐

○ 2 Zerlege in Zehner und Einer.

15		Z	E

16		Z	E

19		Z	E

☺ ☹ ☹ ☐ ☐ ☐

○ 3 Zuerst 10.

17 = 10 + ____	19 = ____ + 9	____ = 10 + 4
12 = 10 + ____	13 = ____ + 3	____ = 10 + 8

☺ ☹ ☹ ☐ ☐ ☐

Lehrerbereich

1 Zehner einkreisen, Anzahlen bestimmen ☐ ☐ ☐
2 Zahlzerlegung in Feld und Stellenwerttafel darstellen ☐ ☐ ☐
3 Zahlzerlegung vervollständigen ☐ ☐ ☐

Name: ______________________ Datum: __________

Die Zahlen bis 20

Die Aufgaben waren für mich:

4 Was passt? Verbinde.

12	20	19	17

neunzehn	siebzehn	zwanzig	zwölf

10 + 7	10 + 2	10 + 10	10 + 9

☐ ☐ ☐

5 Welche Zahl ist es?

Meine Zahl hat
4 Einer und
1 Zehner.

Die Zahl heißt ____ .

Bei meiner Zahl
fehlen noch 2 Einer
bis zur 20.

Die Zahl heißt ____ .

Meine Zahl hat 1 Zehner
und doppelt so viele Einer
wie Zehner.

Die Zahl heißt ____ .

☐ ☐ ☐

Lehrerbereich

4 Zahldarstellungen zuordnen ☐ ☐ ☐
5 Zahlenrätsel lösen ☐ ☐ ☐

Name: ______________________ Datum: __________

Zahlen ordnen und vergleichen

Die Aufgaben waren für mich:

○ **1**

V	Z	N
	5	
	15	
	12	

V	Z	N
	9	
	19	
	11	

V	Z	N
	14	
	7	
	10	

○ **2**

V	Z	N
11		
15		
9		

V	Z	N
		18
		20
		9

V	Z	N
17		
	15	
		13

○ **3** Ordne der Größe nach. Beginne mit der kleinsten Zahl.

12 10 11 13 19 17 18 20

10, ____________________ ____________________

○ **4**

8 ◯ 18 7 ◯ 16 14 ◯ 14

17 ◯ 12 11 ◯ 9 10 ◯ 20

Lehrerbereich

1 Vorgänger und Nachfolger bestimmen

2 Vorgänger und Nachfolger bestimmen

3 Zahlen aufsteigend der Größe nach ordnen

4 Zahlen vergleichen

13

Name: ______________________ Datum: __________

Zahlen ordnen und vergleichen

Die Aufgaben waren für mich:

5 Ordne der Größe nach. Beginne mit der kleinsten Zahl.

17 10 18 13

10, ______________________

14 17 11 20

____

12 8 11 19

____

12 20 16 4

____

6

4.

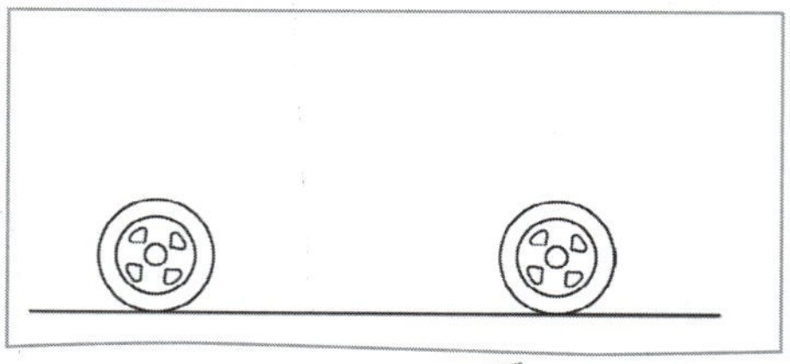

☐

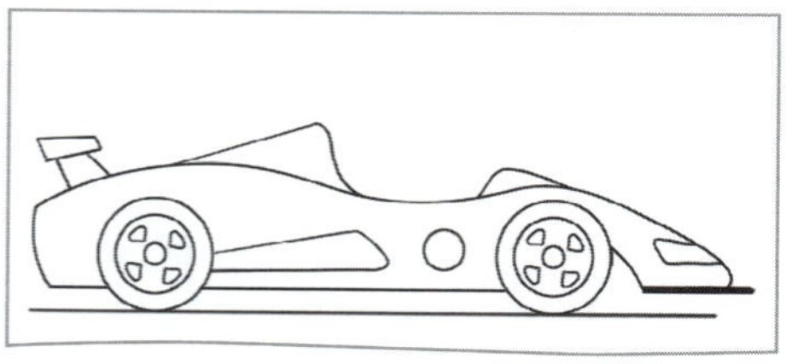

☐

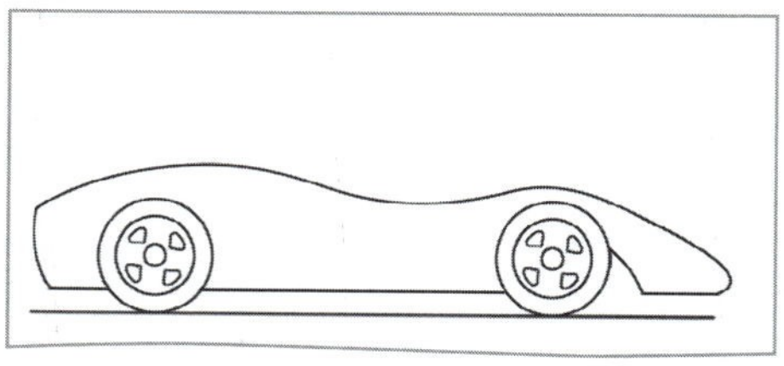

☐

Lehrerbereich

5 Zahlen aufsteigend der Größe nach ordnen

6 Reihenfolge bestimmen, Ordnungszahlen notieren

Name: ______________________ Datum: __________

Analogie- und Tauschaufgaben

Die Aufgaben waren für mich: ☺ 😐 ☹

○ **1**

12 + 4 = ____
2 + 4 = ____

13 + 4 = ____
__ + __ = ____

5 + 14 = ____
__ + __ = ____

6 + 11 = ____
__ + __ = ____

☐ ☐ ☐

○ **2**

6 + 14 = ____
6 + 4 = ____

7 + 11 = ____
__ + __ = ____

☐ ☐ ☐

○ **3**

14 + 3 = ____
3 + __ = ____

15 + 4 = ____
__ + __ = ____

☐ ☐ ☐

○ **4**

2 + 17 = ____
__ + __ = ____

16 + 3 = ____
__ + __ = ____

☐ ☐ ☐

Lehrerbereich

	☺	😐	☹
1 Analogieaufgaben zeichnen und ausrechnen	☐	☐	☐
2 Analogieaufgaben notieren und ausrechnen	☐	☐	☐
3 Tauschaufgaben zeichnen und ausrechnen	☐	☐	☐
4 Tauschaufgaben notieren und ausrechnen	☐	☐	☐

14

Name: ____________________ Datum: __________

Analogie- und Tauschaufgaben

Die Aufgaben waren für mich:

5

13 + 5 = ___ 14 + 3 = ___

12 + 4 = ___ 17 + 2 = ___

11 + 8 = ___ 15 + 5 = ___

1 + 16 = ___ 3 + 15 = ___

6 + 13 = ___ 5 + 11 = ___

7 + 12 = ___ 2 + 15 = ___

☺ ☐ 😐 ☐ ☹ ☐

6 Rechne Aufgabe und Tauschaufgabe.

4 + 11 = 15	5 + ___ = 19	2 + ___ = 14
11 + ___ = ___	___ + ___ = ___	___ + ___ = ___
14 + ___ = 16	13 + ___ = 18	14 + ___ = 19
___ + ___ = ___	___ + ___ = ___	___ + ___ = ___

☺ ☐ 😐 ☐ ☹ ☐

7 Rechne Aufgabe und Tauschaufgabe.

11 + 5 = 16	___ + 4 = 18	___ + 6 = 18
5 + ___ = ___	___ + ___ = ___	___ + ___ = ___
___ + 12 = 17	___ + 15 = 18	___ + 16 = 19
___ + ___ = ___	___ + ___ = ___	___ + ___ = ___

☺ ☐ 😐 ☐ ☹ ☐

Lehrerbereich

	☺	😐	☹
5 Große Aufgaben ausrechnen	☐	☐	☐
6 Ergänzungsaufgaben und Tauschaufgaben notieren und ausrechnen	☐	☐	☐
7 Ergänzungsaufgaben und Tauschaufgaben notieren und ausrechnen	☐	☐	☐

Name: ______________________ Datum: __________

Analogie- und Umkehraufgaben

Die Aufgaben waren für mich: 😊 😐 ☹️

○ **1**

18 − 2 = ___
8 − 2 = ___

17 − 4 = ___
___ − ___ = ___

15 − 4 = ___
___ − ___ = ___

18 − 3 = ___
___ − ___ = ___

○ **2**

19 − 4 = ___
9 − 4 = ___

16 − 3 = ___
___ − ___ = ___

○ **3**

16 − 4 = ___
___ + ___ = ___

15 + 3 = ___
___ − ___ = ___

○ **4**

17 − 5 = ___
___ + ___ = ___

12 + 7 = ___
___ − ___ = ___

Lehrerbereich

1 Analogieaufgaben zeichnen und ausrechnen
2 Analogieaufgaben notieren und ausrechnen
3 Umkehraufgaben zeichnen und ausrechnen
4 Umkehraufgaben notieren und ausrechnen

15

Name:

Datum:

Analogie- und Umkehraufgaben

Die Aufgaben waren für mich:

5

13 − 2 = ____ 15 − 4 = ____

17 − 3 = ____ 14 − 2 = ____

14 − ____ = 11 17 − ____ = 12

19 − ____ = 15 15 − ____ = 13

____ − 3 = 16 ____ − 2 = 18

____ − 4 = 12 ____ − 5 = 14

☺ ☹ ☹ ☐ ☐ ☐

6 Finde eigene Umkehraufgaben.

14 − ____ = ____ 15 − ____ = ____ 19 − ____ = ____

____ + ____ = ____ ____ + ____ = ____ ____ + ____ = ____

____ + ____ = 20 ____ + ____ = 18 ____ + ____ = 19

____ − ____ = ____ ____ − ____ = ____ ____ − ____ = ____

☺ ☹ ☹ ☐ ☐ ☐

7

19 − ____ = 17
19 − ____ = 16
19 − ____ = 15
19 − ____ = 14

____ − 8 = 10
____ − 6 = 11
____ − 4 = 12
____ − 2 = 13

☺ ☹ ☹ ☐ ☐ ☐

Lehrerbereich

5 Große Subtraktionsaufgaben ausrechnen ☐ ☐ ☐
6 Eigene Umkehraufgaben erfinden und rechnen ☐ ☐ ☐
7 Aufgabenrollen bearbeiten ☐ ☐ ☐

16

Name: ____________________ Datum: __________

Geld: Cent und Euro

Die Aufgaben waren für mich:

○ 1

3 €

○ 2

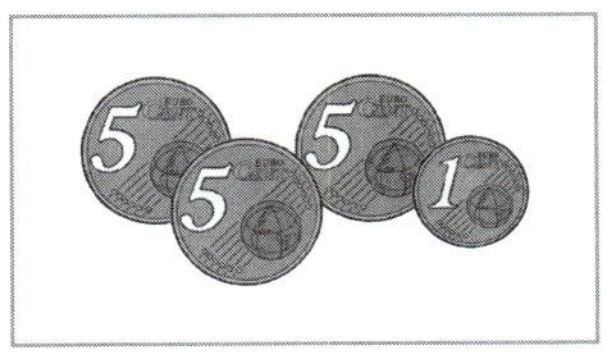

○ 3 Immer 8 Cent. Kreise ein.

Lehrerbereich

1 Euro-Beträge ermitteln

2 Cent-Beträge ermitteln

3 Immer 8 Cent bündeln

Name: ______________________ Datum: __________

Geld: Cent und Euro

Die Aufgaben waren für mich:

◒ 4 Welche Münzen und Scheine sind es?

5 ct

6 ct

11 €

☺ 😐 ☹

☐ ☐ ☐

● 5 Immer 6 Euro. Du hast:   

6 €

6 €

6 €

6 €

6 €

☺ 😐 ☹

☐ ☐ ☐

Lehrerbereich

☺ 😐 ☹

4 Vorgegebene Beträge mit Münzen und Scheinen notieren ☐ ☐ ☐

5 6 Euro unterschiedlich notieren ☐ ☐ ☐

17

Name: ______ Datum: ______

Plusaufgaben üben

Die Aufgaben waren für mich: ☺ 😐 ☹

○ **1**

$6 + 7 =$ ______

$8 + 4 =$ ______

○ **2**

$9 + 5 =$ ______

$4 + 7 =$ ______

○ **3** Rechne Aufgabe und Tauschaufgabe.

$8 + 5 =$ ___
$\quad + \quad =$ ___

$6 + 8 =$ ___
$\quad + \quad =$ ___

$9 + 7 =$ ___
$\quad + \quad =$ ___

$7 + 8 =$ ___
$\quad + \quad =$ ___

○ **4** Rechne geschickt.

$6 + 4 + 4 =$ ___

$7 + 2 + 3 =$ ___

$1 + 9 + 5 =$ ___

$7 + 5 + 7 =$ ___

Lehrerbereich

1 Additionsaufgaben mit Zehnerübergang lösen
2 Additionsaufgaben mit Zehnerübergang lösen
3 Aufgaben und Tauschaufgaben lösen
4 Rechenvorteile bei drei Summanden nutzen

Name: ______ Datum: ______

Plusaufgaben üben

Die Aufgaben waren für mich:

5

5 + 7 = ___ 8 + 6 = ___

6 + 9 = ___ 4 + 8 = ___

7 + 9 = ___ 7 + 6 = ___

6 Bilde Plusaufgaben und löse.

7 5 9

7 + 5 =

7 Rechne geschickt mit der 9.

9 + 8 = ___ 9 + 6 = ___ 9 + 7 = ___

10 + ___ 10 + ___ 10 + ___

8

+		9	
8	13		
6			13

+	2		8
7		11	
			14

Lehrerbereich

5 Additionsaufgaben mit Zehnerübergang lösen

6 Additionsaufgaben bilden und lösen

7 Zehnertrick bei der Addition mit 9 anwenden

8 Tabellen lösen

Name: ______ Datum: ______

Minusaufgaben üben

Die Aufgaben waren für mich: ☺ 😐 ☹

○ **1**

13 − 5 = ______

15 − 8 = ______

○ **2**

12 − 7 = ______

14 − 6 = ______

○ **3** Kontrolliere mit der Umkehraufgabe.

18 − 9 = ___
___ + ___ = ___

16 − 7 = ___
___ + ___ = ___

16 − 8 = ___
___ + ___ = ___

13 − 6 = ___
___ + ___ = ___

○ **4** Rechne geschickt.

15 − 5 − 4 = ___

11 − 4 − 1 = ___

16 − 6 − 3 = ___

16 − 3 − 8 = ___

Lehrerbereich

1 Subtraktionsaufgaben mit Zehnerübergang lösen
2 Subtraktionsaufgaben mit Zehnerübergang lösen
3 Subtrahieren und mit der Umkehraufgabe kontrollieren
4 Rechenvorteile bei zwei Subtrahenden nutzen

Name: ______________________ Datum: ____________

Minusaufgaben üben

Die Aufgaben waren für mich:

5 11 − 6 = ___ 14 − 9 = ___

13 − 4 = ___ 12 − 6 = ___

16 − 8 = ___ 11 − 7 = ___

6 Bilde Minusaufgaben und löse.

16 12 8 7

16 − 12 =

7 Rechne geschickt mit der 9.

16 − 9 = ___ 15 − 9 = ___

16 − 10 + ___

8

−	4		
12		9	
11			6

−	7		6
13			
		6	9

Lehrerbereich

5 Subtraktionsaufgaben mit Zehnerübergang lösen

6 Subtraktionsaufgaben bilden und lösen

7 Zehnertrick bei der Subtraktion von 9 anwenden

8 Tabellen lösen

Name: ____________________ Datum: __________

Würfelhausen

Die Aufgaben waren für mich: ☺ 😐 ☹

○ **1** Wie viele Würfel?

____ Würfel

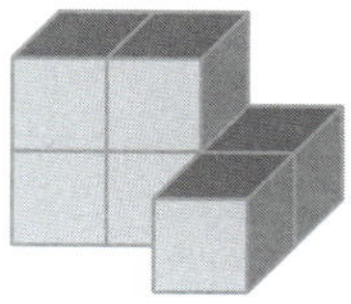

____ Würfel

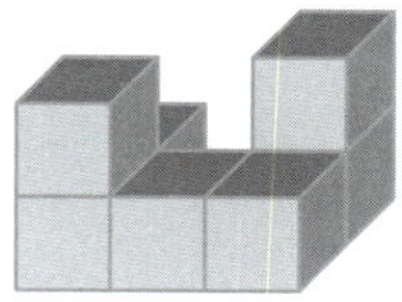

____ Würfel

☐ ☐ ☐

○ **2** Was passt?

3	2	2

1	3	2

1	1	2

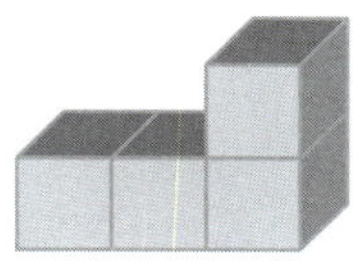

☐ ☐ ☐

○ **3** Schreibe die Baupläne.

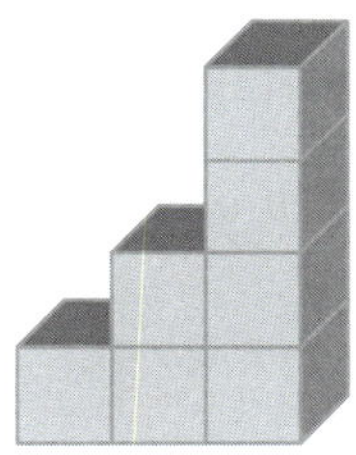

☐ ☐ ☐

Lehrerbereich

	☺	😐	☹
1 Anzahl der Würfel im Würfelgebäude bestimmen	☐	☐	☐
2 Gebäude und Bauplan zuordnen	☐	☐	☐
3 Baupläne zu vorgegebenen Gebäuden schreiben	☐	☐	☐

19 Name: Datum:

Würfelhausen

Die Aufgaben waren für mich:

4

2	1	2
	1	
	1	

1	2	3
1		
1		

1	2	1
1		1
1	1	1

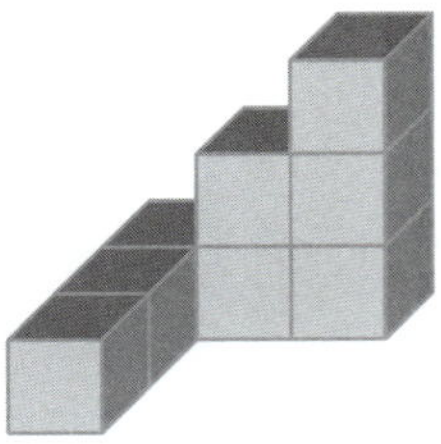

5

1		

6 Schreibe Baupläne für Gebäude mit 5 Würfeln.

Auf jedem Feld steht mindestens 1 Würfel.

Lehrerbereich

4 Gebäude und Bauplan zuordnen

5 Baupläne zu vorgegebenen Gebäuden schreiben

6 Verschiedene Möglichkeiten für Baupläne finden

20

Name: ____________________ Datum: __________

Plus- und Minusaufgaben üben

Die Aufgaben waren für mich:

○ **1**

1	5	3
4	2	5
0	6	3

○ **2**

16
9 7

9 + ___ = ___
___ + ___ = ___
___ − ___ = ___
___ − ___ = ___

17
___ ___

8 + 9 = ___
___ + ___ = ___
___ − ___ = ___
___ − ___ = ___

○ **3**

6 +2→ ☐ +2→ ☐ → ☐ → ☐ → ☐

20 −3→ ☐ −3→ ☐ → ☐ → ☐ → ☐

1 +3→ ☐ +3→ ☐ → ☐ → ☐ → ☐

Lehrerbereich

1 Zahlenmauern durch Addition lösen
2 Aufgabenfamilien bilden
3 Zahlenfolgen nach der Regel fortsetzen

Name: ____________________ Datum: __________

Plus- und Minusaufgaben üben

Die Aufgaben waren für mich: ☺ 😐 ☹

4

[ ] +2 → [ ] +2 → 7 → 9 → [ ] → [ ]

[ ] −3 → [ ] −3 → 13 → 10 → [ ] → [ ]

[ ] +2 → 14 −3 → 11 +2 → [ ] −3 → [ ] → [ ]

5 Welche Karte bleibt übrig?

2 8 4 6

15 12 18

6 Bilde Zauberdreiecke. 0 bis 9 sind erlaubt.

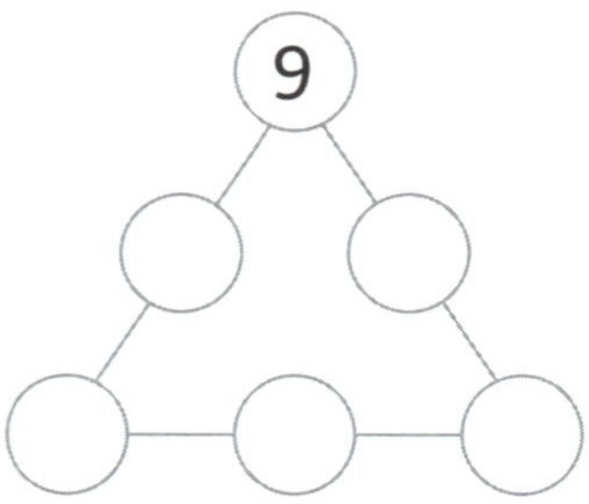

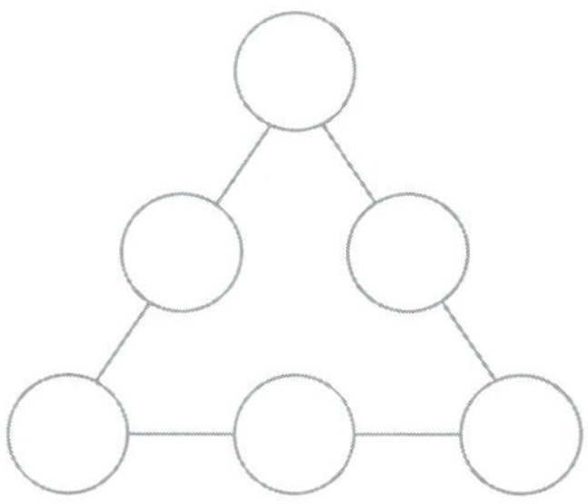

Immer 14. Immer 15.

Lehrerbereich

4 Zahlenfolgen in beide Richtungen fortsetzen

5 Zahlenmauer lösen, übrige Karte finden

6 Zauberdreiecke durch Probieren ergänzen

21

Name:

Datum:

Die Uhrzeit

Die Aufgaben waren für mich:

○ **1**

12:00	1:00	0:00

●

13:00	20:00	8:00

○ **2**

vormittags	nachts

●

mittags	morgens

Lehrerbereich

1 Uhrzeiten an analogen und digitalen Uhren ablesen

2 Uhrzeiten ablesen, zu Bild und Tageszeit zuordnen

Name: ______________________ Datum: __________

Die Uhrzeit

Die Aufgaben waren für mich:

○ 3

____ Uhr

____ Uhr

____ Uhr

____ Uhr

____ Uhr

____ Uhr

☺ ☐ 😐 ☐ ☹ ☐

◒ 4

3 Uhr

____ Uhr

____ Uhr

16 Uhr

____ Uhr

22 Uhr

☺ ☐ 😐 ☐ ☹ ☐

◒ 5

abends	vormittags	nachts

12:00	01:00	07:00

19:00	10:00	16:00

mittags	morgens	nachmittags

☺ ☐ 😐 ☐ ☹ ☐

Lehrerbereich

	☺	😐	☹
3 Uhrzeiten in analogen Uhren ablesen	☐	☐	☐
4 Uhrzeiten an analogen Uhren eintragen	☐	☐	☐
5 Uhrzeiten ablesen und zur Tageszeit zuordnen	☐	☐	☐

Name:

Datum:

Sachrechnen

Die Aufgaben waren für mich:

○ **1** Welche Fragen kannst du beantworten? Kreuze an.

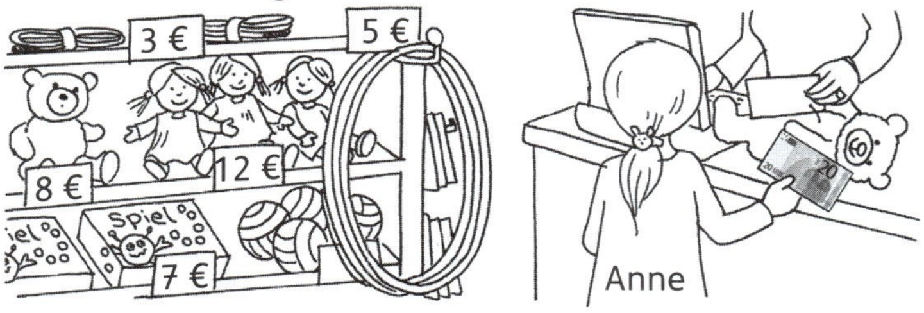

- ☐ Wie alt ist Anne?
- ☐ Wie viel kostet ein Teddy?
- ☐ Wie viel kosten 2 Bilder?
- ☐ Wie spät ist es?
- ☐ Wie viel muss Anne bezahlen?
- ☐ Wie viel Geld bekommt Anne zurück?
- ☐ Wann hat Anne Geburtstag?

☺ ☐ 😐 ☐ ☹ ☐

○ **2** Wie viele Beine sind es zusammen? Zeichne Skizzen.

1  3 

Zusammen sind es ____ Beine.

2  2 

Zusammen sind es ____ Beine.

☺ ☐ 😐 ☐ ☹ ☐

Lehrerbereich

	☺	😐	☹
1 Entscheiden, ob Fragen zu beantworten sind	☐	☐	☐
2 Lösungsskizzen zeichnen und Aufgaben lösen	☐	☐	☐

Name: ______________________ Datum: __________

Sachrechnen

Die Aufgaben waren für mich:

3 Lea hat 20 € . Sie kauft:

____

Sie bekommt ____ € zurück.

☺ ☺ ☹ ☐ ☐ ☐

4 Löse die Aufgaben und verbinde.
Eine Gleichung bleibt übrig.

Paula hat 7 Bonbons. Sie gibt ihrer kleinen Schwester 3 Bonbons ab und ihrem Bruder 2. Paula hat jetzt noch ____ Bonbons.	Max hat 7 Sticker gesammelt. Seine Tante schenkt ihm noch 3. Sein Onkel schenkt ihm 2. Wie viele hat er jetzt?

$7 + 3 - 2 =$ ____	$7 - 3 - 2 =$ ____	$7 + 3 + 2 =$ ____

☺ ☺ ☹ ☐ ☐ ☐

Lehrerbereich

3 Restgeld berechnen und notieren ☐ ☐ ☐
4 Textaufgaben lösen und den Gleichungen zuordnen ☐ ☐ ☐